Bibliografische Information der Deutschen Nationalbibliothek:

Die Deutsche Bibliothek verzeichnet diese Publikation in der Deutschen National-
bibliografie; detaillierte bibliografische Daten sind im Internet über http://dnb.d-
nb.de/ abrufbar.

Impressum:

Copyright © 2008 GRIN Verlag, Open Publishing GmbH
Druck und Bindung: Books on Demand GmbH, Norderstedt Germany
ISBN: 9783640326211

Dieses Buch bei GRIN:

http://www.grin.com/de/e-book/126557/mobilfunk-eine-gesundheitsgefahr-an-
schulen

Leander Roessler

Mobilfunk - Eine Gesundheitsgefahr an Schulen?

GRIN Verlag

Mobilfunk

eine Gesundheitsgefahr an Schulen?

Seminararbeit am Gymnasium Buxtehude Süd

Leander Rössler im Rahmen des Seminarfachs 2008

21.02.2008

Inhaltsverzeichnis

1. Einleitung

Seit 2006 gibt es in Deutschland mehr Handys als Einwohner.[1] Mobilfunk - speziell Handys - gehört längst zum Alltag und Bestrebungen zur Optimierung der Technologien und drahtloser Netze laufen konsequent voran. Inzwischen mehren sich aber auch kritische Stimmen, d.h. vereinzelt befürchten Bürger bereits eine zunehmende Belastung durch elektromagnetische Strahlung. Das Phänomen Mobilfunk (nachfolgend MF) erkunden Wissenschaftler vieler Disziplinen (Physiker, Mediziner, Biologen etc).

Die Leitfrage lautet „Ist der Umgang mit Handys an Schulen aus gesundheitlicher Sicht akzeptabel?", und soll Schulen für die Thematik Mobilfunk sensibilisieren

2. Mobilfunkstandards

Um sich darüber klar zu werden, womit sich diese Abhandlung beschäftigt, ist es von Wichtigkeit einen Grundüberblick über die gängigen strahlungs- bzw. wellenemittierenden Quellen (i.d.R. MFstandards) zu haben. Es ergibt Sinn sich auf diejenigen zu beschränken, die für Schulen von Bedeutung sind: Das heißt die Quellen genauer zu untersuchen, von denen Schulen unmittelbar betroffen sind und auf die sie als Bildungsinstitutionen in realistischem Maß Einfluss nehmen könnten.

2.1 Übersicht verschiedener Standards und ihren Erscheinungen

Als erstes ist ein Standard aufgrund seiner Funktion zu kategorisieren. So gibt es Standards, die in erster Linie dazu konzipiert sind gewisse Emissionen zu erzeugen, um überhaupt ihre primäre Funktion erbringen zu können - aber auch andere, die Emissionen nur als Nebenprodukt ihres Betriebes hervorbringen. Zu erstgenannten zählen die meisten MFstandards; zu letzteren in gewissem Maße auch fast jedes Haushaltsgerät, dass nicht im Geringsten die Funktion hat, gezielt Energie, Daten o.ä. über den Raum hinweg zu transferieren. Diese Geräte bringen zumeist „nur" sog. niederfrequente „Strahlung" (NF) hervor. Da NF bei Entfernung von ihrer Quelle sehr schnell abnimmt, ist sie auch vergleichsweise einfach zu meiden; darum steht sie deutlich weniger im Zentrum der Kritik

---

[1] [Golem] (o.A.): URL: http://www.golem.de/0607/46605.html

(und wird folgend auch nur marginal thematisiert), im Gegensatz zu Hochfrequenzen (HF), die sich *weiter* im Raum ausbreiten.[2]

Entgegen der Festlegung in der Physik hat die Medizin eine etwas andere Definition von HF-„Strahlung". Dort nämlich wird schon jedes elektromagnetische Wechselfeld über einem kHz (1000 Schwingungen pro Sekunde) bis hin zum Infrarotbereich (größer 100 GHz) als HF deklariert.[3] [4] In diese Kategorie fallen insbesondere die beiden größten MFstandards GSM (i.d.R. um 900 MHz o. um 1800 MHz) und UMTS (i.d.R. um 2100 GHz), über die heutzutage die meisten Mobiltelefonate geführt werden.[5]

Bei genannten und anderen modernen Standards wie bspw. DECT (schnurlose Telefone) ist es oft der Fall, dass anstatt analoger Technik digitale Pulsung zum Einsatz kommt. Dies lässt sich so verbildlichen, dass die HF-Wellen zwecks einer speziellen Codierung „fragmentiert" werden und sich ein Signal ergibt, dass zwar guten Datentransfer gewährleistet, jedoch aus biologischer Sicht eine höhere „Belastung" darstellt.[6] [7]

Neben der Frequenz ist hauptsächlich die Sendeleistung von Relevanz, die die Sendemasten (selten mehr als 120 W) Handgeräte (max. 2W bei GSM; max. 0,5W bei UMTS) emittieren. [8] [9]

Man würde nun zunächst annehmen, die höhere Leistungsflussdichte S herrsche im Umkreis von Sendemasten; da man aber meist einen relativ hohen Abstand zu diesen Masten wahrt und der Wert quadratisch abnimmt (verdoppelt man die Distanz, viertelt sich S)[10], ist S geringer als die Sendeleistung anmuten lässt. Einem Mobiltelefon hingegen, welches direkt am Kopf gehalten wird, fehlt die nötige Distanz, um seine Wirkung zu verlieren. Es kommt hinzu, dass je nach Abschirmung oder Reflexion (durch Hindernisse) des Handgerätes zum nächsten Masten eine automatische Erhöhung der Sendeleistung bis auf o.g. Maxima erfolgt.[11]

Darüber hinaus *summieren* sich die Leistungsflussdichten, wie das Messprojekt „Elektrosmog-messung in einem Linienbus" vom „Informationszentrum gegen MF" u.a. belegt. Da die meisten Geräte im Standby-Modus ebenfalls „strahlen", heißt es „*die Menge*

---

[2] Scheiner, 2006, S 22
[3] [Wikipedia] 1 (o.A.): URL: http://de.wikipedia.org/wiki/Hochfrequenz
[4] [Forum-Elektrosmog] (o.A.): URL: http://www.forum-elektrosmog.de/forumelektrosmog.php/aid/18/cat/27/
[5] Scheiner, 2006, S. 19f
[6] [Energieimpulse] (o.A.): URL: http://www.energieimpulse.net/main.php?site=elektrosmog_def
[7] Scheiner, 2006, S. 25ff
[8] [Swisscom Mobile] (o.A.): URL: http://www.swisscom-mobile.ch/scm/mce_antennen-sendeleistung-de.aspx
[9] [BMWi] (o.A.): URL: http://www.bmwi.de/BMWi/Navigation/Wirtschaft/Telekommunikation-und-Post/...
[10] [Kein Mobilfunkmast im Dorf] (o.A.): URL: http://www.kein-mobilfunkmast-im-dorf.de/BI/Hintergrund.htm
[11] [IZGMF] (o.A.): URL: http://www.izgmf.de/Aktionen/Meldungen/Archiv_04/Messprojekt_Bus/messpro...

macht's" in vielerlei Fachliteratur; es ist trivial die Rede von einem *„gefunkten und gepulsten Frequenzcocktail*".[12]

2.2 Entwicklungstendenzen des Mobilfunks

„Früher waren Ferngespräche die Ausnahme, heute sind sie die Regel. Früher stand das Telefon im Flur, heute hat man es immer dabei."[13] stellt R. Luhr 2004 fest; Ende Juni 2005 ist die Rede von 74 Millionen MFkunden und einer höheren Anzahl von Handys als MFanschlüssen.[14] Mehr verkaufte Handys als Einwohner wurden für das Jahr 2006 prognostiziert.[15] Zum Jahreswechsel von 2007 zu 2008 werden nun 100 Millionen MFanschlüsse gezählt (25% mehr als 2,5 Jahre zuvor), davon erstmalig über 10 Millionen auf dem ‚neuen' UMTS-Standard.[16] Das sind Fakten, die eine Steigerung der MFnutzung in Deutschland belegen.

Steigende Anzahl der Handgeräte hat auch den dadurch notwendigen Ausbau der Funknetze (mehr oder leistungsstärkere MFmasten) zur Folge. Hier sei zur Veranschaulichung Bayern genannt, das den MFausbau besonders forcierte, indem es bis 2005 ca. 10.000 MFmasten errichtet haben wollte.[17] Dies entspräche nach meiner Berechnung einer durchschnittlichen Dichte von einem Mast pro 7 km². In der Praxis wird die Mastenhäufung in Ballungsgebieten viel intensiver sein als auf dem Land. So könnte der in Bayern gesetzliche Mindestabstand von 300 Metern schnell einmal unterschritten werden.

Somit steigt die Gesamtanzahl sendender Quellen doch sichtbar an und erhöht abermals den o.g. *Summationseffekt*.

3. Aspekte der Wirkungen von Mobilfunk auf den Menschen

3.1 Was ist „Elektrosmog"

„Smog" ist ein Neoanglizismus, der sich aus den englischen Wörtern „Fog" (Nebel) und „Smoke" (Rauch) zusammensetzt. Seinen Ursprung findet das Kunstwort Mitte des zwanzigsten Jahrhunderts in der Britischen Presse in Verwendung auf schadstoffbelastete

---

[12] Hellemann, 2003, S. 45
[13] [Media.NRW] (o.A.) URL:
http://www.media.nrw.de/media2/site/index.php?id=73&no_cache=1&tx_ttnews%...
[14] [IDW-Online] (o.A.): URL: http://idw-online.de/pages/de/news127781
[15] [Golem] (o.A.): URL: http://www.golem.de/0607/46605.html
[16] [Bitkom] (o.A.): URL: http://www.bitkom.org/50452_50446.aspx
[17] [Elektrosmognews] (o.A.): URL: http://www.elektrosmognews.de/news/bypakt2.htm

Luft. „Elektrosmog" stammt ebenfalls aus dem Journalismus, bezeichnet jedoch „elektrische Schadstoffbelastung", d.h. Belastung mit potentiell gesundheitsschädlichen elektromagnetischen Strahlungen bzw. elektromagnetischen Feldern, die unweigerlich Emissionen jedes strombetriebenen Gerätes (ausnahmslos aber in unterschiedlicher Dimension) sind.[18] [19] [20]

3.2 Wie wirkt „Handystrahlung" auf den Menschen?

Über die Einflüsse von „E-Smog" auf den Menschen liegen derzeit etliche Studien vor, allerdings sind diese sehr schwer zugänglich. Die breite Öffentlichkeit ist genauso genommen wenig über die Zusammenhänge und Einflüsse von MFstrahlung informiert. Einerseits begreifen sich Nutzer als Konsumenten, die möglichst einen hohen MFstandard genießen möchten, also „uptodate" sein möchten. Andererseits wird seitens Anbietern oder Vertreibern neuster Standards nicht auf potentielle Risiken hingewiesen. Letztlich bleibt es dem Verbraucher selbst überlassen ein kritisches Nutzerverhalten zu entwickeln oder *nicht*.
Einige wichtige Studien im Bereich der HF- und MFforschung werden folgend exemplarisch angeführt.

3.2.1 „V. Klitzing-Studie" (Untersuchungsreihen von 1997-2002) - EEG-Studien

Der Medizinphysiker Dr. Lebrecht von Klitzing der Universität Lübeck führte 1997 EEG-Forschungen (Elektroenzephalografie) unter HFeinfluss durch. Die Studien belegen eine veränderte Gehirnaktivität, verlangsamte Reaktionszeiten und Symptome wie Kopfschmerzen, Gedächtnisverlust, Schwindel, Konzentrationsschwäche sowie Verschlechterung des Schlafes. Es wurden neurologisch-pathologische Hirnstromveränderungen bei schon niedriger gepulster Strahlung, d.h. bei bereits 100nW/cm², in EEGs nachgewiesen. Gesundheitliche Anomalien sollen bis zu einer Woche angehalten haben. Von Klitzing folgert, dass *künstliche Signale biologische Systeme beeinflussten*. Zellen kommunizierten nämlich untereinander mit feinsten Signalen per Ionenaustausch in einem Frequenzbereich bis 400Hz (selbst die Elektroindustrie spricht von einer Kommunikation bei 10Hz bis 1kHz).[21]

---

[18] Hellemann, 2003, S. 17
[19] [MSN Encarta] (o.A.): URL: http://de.encarta.msn.com/encyclopedia_721550451/Elektrosmog.html
[20] [Wikipedia]₂ (o.A.): URL: http://de.wikipedia.org/wiki/Elektrosmog
[21] Scheiner, 2006, S. 156f

Die Von Klitzing-Studie belegt außerdem, dass Menschen bei langzeitiger Exposition bereits bei 1nW/cm² erkranken können. Bei Kindern würde sich durch gepulste HF (DECT bei 1,8GHz / 100Hz Taktfrequenz) ein krankhaft verändertes Blutbild zeigen, das nicht ausgereifte rote Blutkörperchen aufweise und sich bei Abschalten der Telefonanlagen erst nach Tagen wieder normalisiere.[22]

Die „v. Klitzing-Studie" wurde seitens der Forschungsgruppe um Prof. Achermann, Universität Zürch, untermauert. Hier wurde nachgewiesen, dass eine 30 minütige Handybestrahlungen zu einer vermehrten regionalen Hirndurchblutung führe. Probanden würden bereits wenige Minuten nach Aktivierung eines Handysignales Hirnstromveränderungen aufweisen. Es wird unter diesen Bedingungen die Entstehung von Hirnödemen gemutmaßt.[23]

Auch die Bundesanstalt für Arbeitsmedizin und Arbeitsschutz in Berlin bestätigt mittels EEG-Untersuchungen unter drei bis fünfminütigen Handytelefonaten die biologische Wirksamkeit gepulster Handywellen.[24]

Der Versuch einer sog. Gegenstudie („Anti v. Klitzing-Projekt") soll unseriös, fragwürdig und wenig aussagekräftig verlaufen sein.[25]

3.2.2 Die „Lund-Studie" (schwedische Universität Lund, 1999) - Biochemische Sicht

Während des Zeitraumes von 1988 bis 1999 ermittelte ein schwedisches Forscherteam an mehr als 1600 Labortieren die Strahlenwirkungen auf Gehirne. Das Ergebnis zeigte, dass Werte ab 100nW/cm² zu gravierenden Hirnstörungen führen, *Blut-Hirn-Schranken-Störungen.* „Die Blut-Hirn-Schranke, lebensnotwendige Schurzbarriere des aus fetthaltigen Substanzen aufgebauten Zentralnervensystems gegen wasserlösliche Substanzen, Giftstoffe und Stoffwechselschlacken im Blut war aufgebrochen und das Nervengewebe durch das Einwandern großer Eiweißmoleküle, der ‚Albumine' deutlich geschädigt."[26] Zudem wurden mittels mikroskopischer Bilder Gewebsaufquellungen (Ödeme) in bestrahlten Gehirnen nachgewiesen. Auch wurden nach geringfügiger Strahlenbelastung bereits abgestorbene Gehirnzellen vorgefunden, die nicht mehr erneuerbar sind und zu Alzheimer, Demenz, Multiple Sklerose, Parkinson oder ähnlichen neurologischen Schäden führen. Die gesichteten

---

[22] Bürgerwelle e.V., 2007, S. 8.2
[23] Scheiner, 2006, S. 158f
[24] Scheiner, 2006, S. 163
[25] Scheiner, 2006, S. 160
[26] Scheiner, 2006, S. 29

herdförmigen Mikroödeme verursachten anfangs möglicherweise lediglich Kopfschmerzen, Schwindel, Sehstörungen, etc., bis sie sich als schwere Krankheiten äußern.

Die Lund-Studie besagt eindeutig, dass die gepulste HF bei niedriger Leistungsflussdichte von 100nW/cm² (gleicher Wert wie obige Studie) die größte pathologische Wirkung hervorruft.[27]

Die Lund-Studie Nr.2, auch Salfordstudie genannt, zielt auf die Untersuchung des Gesundheitsrisikos speziell auf die Jugend ab und wurde mit sog. „Teenagerratten" durchgeführt. Bei allen exponierten Tieren wurde acht Wochen nach der Bestrahlung die BHS-Störung sowie der Zelltod (in Gehirnrinde, Hippocampus, Basalganglien) festgestellt. Die Versuchsratten waren 2 Stunden lang GSM-Handystrahlung ausgesetzt worden und wiesen außerdem Neuronenschäden auf. Die Folgerung der Studie ist, dass durch mobile Hochtechnologien das Leben der „Kids" zerstörten und sie zu volkswirtschaftlichen Lasten angesichts eines Daseins als zukünftige Pflegefälle fallen würden.[28]

3.2.3 Studien: DNA-Schäden durch Mobilfunk

Mit dem Buch „Cellular Telephone Russian Roulette" belegt R. Kane in hunderten von internationalen Studien über eine Zeitspanne von 40 Jahren Gesundheitsgefahren analogen und digitalen MFs. In umfangreichsten Untersuchungen wies er DNS-Schäden, Krebs- und Hirntumorrisiken durch MF- und Mikrowellenstrahlung nach. Die Publikation des Motorolla-Insiders in deutschsprachiger Version verschwand urplötzlich aus dem Angebot der Buchhändler. „R. Kane erkrankte selbst an einem Gehirntumor und ist nun eine der Schlüsselfiguren in den derzeit laufenden Milliardenprozessen gegen amerikanische Hersteller von Mobiltelefonen und MFbetreibern." Er selbst war über 30 Jahre direkt in der Telekommunikationsindustrie in Entwicklung und Forschung mobiler Kommunikationssysteme beschäftigt. „Wir wissen heute, dass selbst *eine einzige Exposition* mit niedrig dosierter Funkfrequenzschaltung zu DNA-Schäden an Gehirnzellen führt."[29]
Wie bereits 1975 von N. Singh und Prof. Lai Gentoxizität durch HF nachgewiesen wurde, bestätigt die sehr bekannte „REFLEX-Studie" (12 Forschungsgruppen aus 6 EU-Ländern): [30]
So „muss das gentoxische potential von Handystrahlen durch diese EU-Studie endgültig erwiesen betrachtet werden.[31]

---

[27] Scheiner, 2006, S. 29-31
[28] Scheiner, 2006, S. 36-38
[29] [Wasserauto] (o.A.): URL: http://www.wasserauto.de/html/mobilfunk.html
[30] Bürgerwelle e.V., 2007, S. 8.3.3
[31] Scheiner, 2006, S. 245

3.2.4 Untersuchungen des Physikers Niel Cherry - Athermische Auswirkung

Der neuseeländische Umweltforscher und Physiker Prof. Cherry sichert mittels ca. 100 wissenschaftlicher Arbeiten zum Thema „MFstrahlung in seiner Auswirkung auf biologische Systeme" bis 2001 eindeutig die pathologische Wirkung von MF im *athermischen* Bereich.[32] Des Weiteren untersucht und kritisiert er eine Unseriosität der ICNIRP (Internationale Kommission zum Schutz vor nichtionisierender Strahlung). Die Höhe der Grenzwerte für MFstrahlung ist in der BRD in der 26. Verordnung zum Bundesemissionsschutzgesetz geregelt und richtet sich gänzlich an der Empfehlung des ICNIRP aus. Diese gesetzlichen Grenzwerte würden nach Cherry lediglich die thermische Wirkung, also einen Schutz vor Hitzestress beinhalten. Hiernach würden im Abstand von 2-10m von Sendeantennen zwar die Grenzwerte eingehalten werden, jedoch keinen Schutz für den Menschen gewährleisten. Viel mehr sei die sog. athermische Wärme durch HF (keine merkliche Körpererwärmung bei geringer Strahlenintensität) allerdings gesundheitlich bedenklich. Er kritisiert weiter, dass seitens der WHO (Weltgesundheitsorganisation) und ICNIRP keine Anerkennung wissenschaftlicher Studien zur Gesundheitsgefährdung erfolge, Studien verfälscht oder verleugnet würden und die ICNIRP lediglich aus 16 Mitgliedern ähnlich eines „privaten Clubs" bestehe.[33]

Neben den o.g. richtungsweisenden Studien wären Ergebnisse zu möglicher schädigender Wirkung durch MF beliebig fortsetzbar. So wurden bei Arbeitern unter Einfluss dauerhafter HF Chromosomenschäden nachgewiesen (Studie von Garay-Vrhovac et al., 1999).[34] Burch et al. weisen 1997/1998 nach, dass auch NF-Wechselfelder z.B. die Produktion von Melatonin hemmten.[35] Verhaltensstörungen, Missbildungen und Tumore wurden bei Rindern im Bereich von Sendeanlagen beobachtet und belegt.[36]

Gesundheitsschädigungen durch Handys belegt eine weltgrößte Studie, die im Springer-Auslandsdienst/London (16.5.1999) kommentiert wird. Es wurden 11.000 Personen befragt. Bereits ab zwei-minütigem Handytelefonat registrierten Probanden in der Mehrheit Gedächtnisschwund, brennende Haut und Hitze hinter den Ohren.[37]

---

[32] Scheiner, 2006, S. 217
[33] Scheiner, 2006, S. 218-224
[34] Bürgerwelle e.V., 2007, S. 8.3.3
[35] Bürgerwelle e.V., 2007, S. 8.3.3f
[36] Bürgerwelle e.V., 2007, S. 4.1.1f
[37] Bürgerwelle e.V., 2007, S. 3.5

3.2.5 Studien zur These „Mobilfunk bringt keine Gefahr"

Die Intention, MF als risikolos für die Gesundheit darzustellen, geht hauptsächlich von Vertreibern und staatlich beauftragten Forschungsanstalten aus.

So schrieb 1990 das Bundesamt für Strahlenschutz ein Forschungsvorhaben mit der Fragestellung aus, ob bei Nachrichten und Funktechnologien im Dosisbereich der Nicht-Wärmewirksamkeit biologische Schädigungen auftreten oder nicht. Diese Fragestellung blieb unbeantwortet, da das Forschungsvorhaben nicht realisiert wurde.[38]

1992 wurde die Forschungsgemeinschaft Funk e.V. gegründet, die sich aus Rundfunkanstalten, Bundesbehörden, Funknetzbetreibern und Geräteherstellern zusammensetzt. Dieser e.V. entstand anlässlich zunehmender Diskussionen um mögliche Gesundheitsschäden durch elektromagnetische Impulse. Die am 22.11.1994 publizierten Ergebnisse ergaben, dass Kurz- und Langzeitexposition durch elektromagnetische Impulse keine athermischen Effekte in biologischen Systemen zeigten. Biologische Systeme würden über eigene Kompensationsmöglichkeiten verfügen. Unter dem Biologischen System „Mensch" versteht die Forschungsgemeinschaft insbesondere isolierte weiße Blutkörperchen und Herzmuskelzellen von Meerschweinchen. Jene wurden im Reagenzglas über 2-24 Stunden unter gleichbleibendem elektromagnetischen Feld, dessen Intensität nicht dargelegt wird, beobachtet. Der Versuchsaufbau wird seitens der Bürgerwelle als nicht komplex kritisiert, zumal die Vielfalt der im Alltag auf den Menschen einwirkenden Felder unterschiedlichster Frequenzen keine Berücksichtigung fände.[39]

Eine der bisher größten Gegenstudien ist das Interfunk-Projekt. Es wird im Auftrag der WHO von 2000-2007 von einem Wissenschaftlerteam, an dem sich 13 Länder beteiligen, durchgeführt. Insgesamt sollen über 1000 Fälle von Akkustikneurinomen und 6000 Fälle von Hirntumoren, die durch Mobiltelefone zustande gekommen seien, untersucht werden. Bisher liegen lediglich Teilergebnisse vor. Laut einer Pressemitteilung der Bürgerwelle e.V. vom 2.2.2006 sieht in der BRD das Teilergebnis folgendermaßen aus: Das Telefonieren mit dem Handy erhöhe gemäß einer Studie mehrerer Universitäten Deutschlands nicht das Risiko für Hirntumore. Die Uni Bielefeld teilte mit, dass die Interphone-Studie der WHO ergäbe, dass Personen, die regelmäßig ihr Handy benutzen, d.h. mindestens einmal wöchentlich, kein erhöhtes Tumorrisiko hätten. Auch eine erhöhte Nutzungsintensität brächte kein Risiko mit sich. Gleiches würde auch für DECT gelten.[40] [41]

---

[38] Bürgerwelle e.V., 2007, S. 9.1.1
[39] Bürgerwelle e.V., 2007, S. 9.1.2
[40] [Pressetext] (o.A.): URL: http://www.pressetext.de/pte.mc?pte=060904010

3.2.6 Grenzwerte und ihre Bedeutung

Wie a.O. erwähnt werden Richtlinien für Expositionsgrenzwerte von elektromagnetischen Feldern von der ICNIRP, die sich auch mit Themen des MFs befasst, erstellt. Diese Richtlinien werden von nationalen Gremien übernommen, in Deutschland eins zu eins.[42]

Die gesetzlichen Grenzwerte liegen für das D-Netz bei 470.000nW/cm² und für das E-Netz bei 950.000nW/cm².

In Erinnerung an die Forschung des Dr. Von Klitzing sei bereits bei 1nW/cm² bei langzeitiger Exposition durch pulsierte HF mit Erkrankungen zu rechnen. Die Bürgerwelle nennt als Beispiel, dass 1nW/cm² in Hauptstrahlungsrichtung (falls eine Abschwächung durch Gebäude entfällt), noch in 5km Entfernung nachweisbar sei.[43]

Die Strahlenschutzkommission (SSK) berät in Sachen Schutz der Bevölkerung vor Gefahren nicht-ionisierender Strahlung und nimmt maßgeblich Einfluss auf die Fortschriften der 26.BIScHV. Die SSK stellt 2001 im Zuge der Auswertung wissenschaftlicher Publikationen fest, dass im HFbereich weder Verdacht noch wissenschaftliche Nachweise für Gesundheitsbeeinträchtigung unterhalb der gesetzlichen Grenzwerte bestehe.[44]

Dr. med. H.-C. Scheiner zitiert den Baubiologen W. Maes (Autor der Buches „Krank durch Strom und Strahlung"), der in Zusammenarbeit mit Ärzten 6000 Wohnungsmessungen durchgeführt hat, wie folgt: „Was aber die Strahlendosis angeht, so finden wir 100nW/cm² im Hauptstrahl einer 15 Watt-Antenne (Eingangsleistung) noch in etwa 250 Meter Entfernung; wir finden sie rund um DECT - Telefone in den Haushalten noch in einigen Metern Entfernung von den nonstop strahlenden Basisstationen, und oft noch in 10 Meter Entfernung von einem Telefonierenden Handynutzer!".[45] Die Bürgerwelle e.V. mahnt an, dass Betreiber, die Verbraucher mit Wattleistungsangaben desinformierten. Eingangsleistungen wären irrelevant, lediglich die Strahlungsleistung (EIRP) sei für die elektrische Feldstärke ausschlaggebend. Antennen strahlten nicht kugelförmig, sondern Bündelnd ab. Zur Veranschaulichung:

„Eine ‚normale' Sendeanlage auf einem Hausdach hat z.B. E-Netz / 3 Sektorantennen je 90°, je 2 Kanäle je 15 Watt.

---

[41] [openPR] (o.A): URL: http://openpr.de/news/75879/Erhoeht-Mobilfunk-Strahlung-die-Gefahr-nicht-fuer-das-
...
[42] Bürgerwelle e.V., 2007, S. 11.1.3
[43] Bürgerwelle e.V., 2007, S. 11.1.5
[44] Bürgerwelle e.V., 2007, S. 5.14.7
[45] Scheiner, 2006, S. 157

Aussage Betreiber: 2 * 15 Watt = 30 (je Sektor)

Realität: 90°=17,5 dBi Antennengewinn = 56fache Verstärkung

2 x 15 Watt x 56 = 1.680Watt (EIRP je Sektor)" [46]

Außerdem wird im Zusammenhang mit MF auf „biologische Fenster und Grenzwerte" hingewiesen. Hiernach erzeugten Frequenzgemische größere Störwirkungen beim Menschen, welche individuell verschieden sind und sich in ihrer biologischen Wirkung nicht sicher vorhersagen ließen. [47]

Interessant erscheint m.E. im Gesamtzusammenhang, dass z.B. der Telekom seit 1995 bekannt ist, dass weit unterhalb gesetzlicher Grenzwerte gepulste HF 60% der Nervenzellen falsch reagierten. Diese Erkenntnis wurde seitens Prof. Dr. P. Semm erbracht, der Jahre lang im Auftrag der Telekom forschte. [48]

Letztlich lässt sich der Stellenwert gesetzlicher Grenzwerte in Anlehnung der WHO-Broschüre von 10.1999 einschätzen wie folgt: „Die Nationalen und internationalen Richtlinien basieren auf der Vermeidung von *gesicherten Auswirkungen* einer Exposition auf die Gesundheit". „Keine Normungsbehörde hat Expositionsrichtlinien mit dem Ziel erlassen, vor *langfristigen gesundheitlichen Auswirkungen, [...], zu schützen*". [49] Es ist sogar die Rede davon, dass „professionelle Elektrosmogleugner" an Universitäten ausgebildet würden, obwohl der Trend zeigt, dass immer mehr Menschen „Elektrosensibilität" entwickeln. So wird für 2017 prognostiziert, dass in Europa 50% der Bevölkerung „ungewollte Fähigkeit, sowohl elektrische und magnetische Felder als auch elektromagnetische Wellen wahrzunehmen" entwickelt haben. [50] [51] [52]

3.3 Resümee

Als Fazit aus den dargelegten Studien und Gegenstudien schließe ich, dass derzeit eine schädliche Wirkung von MF sehr umstritten ist. Es besteht eine Kontroverse, in die letztlich vielerlei Interessen (wirtschaftliche, politische, gesundheitliche etc.) eingehen.

Meiner Meinung nach dienen auch Argumentationen bzgl. eingehaltener Grenzwerte eher dazu, die Öffentlichkeit zu beruhigen um die Wirtschaft anzukurbeln, anstatt die Sicherung der Gesundheit zu gewährleisten. Wünschenswert wäre die Absenkung der Grenzwerte, um

[46] Bürgerwelle e.V., 2007, S. 11.1.9

[47] Bürgerwelle e.V., 2007, S. 11.1.7

[48] Bürgerwelle e.V., 2007, S. 8.4.1

[49] Bürgerwelle e.V., 2007, S. 11.1.4

[50] [Gigaherz]₁ Hans-U. Jakob: URL: http://www.gigaherz.ch/1131/

[51] [Gigaherz]₂ (o.A.): URL: http://gigaherz.ch/pages/posts/elektrosensibilitaet-steigt-unwahrscheinlich...

[52] [Elektrobiologie] (o.A.): URL: http://www.elektrobiologie.com/html/elektrosensibel.html

die finanzielle volkswirtschaftliche Belastung durch potentielle Krankheitsfälle zu minimieren.

4. Zur Bewegung öffentlicher Kritik am Mobilfunk

So wie die Entwicklung digitaler, gepulster und mobiler Telekommunikationssysteme voranschreitet, befindet sich auch die Öffentlichkeit in einer kritischen Entwicklung hinsichtlich des MFs.

Die Bürgerwelle e.V. ist ein 1997 gegründeter Dachverband der Bürger und Initiativen zum Schutz vor „E-Smog". Sie versorgt (außer den ca. 150.000 Bürgerinitiativen in der BRD) 1500 bei ihr eingetragene Bürgerinitiativen mit Informationen und dokumentiert die gesellschaftlichen Bewegungen gegen MF.

So wird unter „Zoff um Masten" ein Beitrag im Stern Nr. 8 vom 12.2.2004 genannt, in dem die Deutsche Post A.G. auf ihren 17.000 Gebäuden (als hohe Postgebäude besonders prädestiniert für das UMTS-Netz) eine Installation von MFmasten ablehnt. Dies sei ein Beschluss des Vorstandes anlässlich der Besorgnis von Mitarbeitern wegen „E-Smogs".[53]

Im Zuge des „Freiburger Appell" der Interdisziplinären Gesellschaft für Umweltmedizin e.V. wenden sich Ärzte aller Fachrichtungen an verantwortliche in Politik, Gesundheitswesen und Öffentlichkeit. Man hätte bei Patienten einen dramatischen Anstieg schwerer und chronischer Erkrankungen registriert im Zusammenhang mit einer Funkbelastung. Ursächlich dafür wird die 1992 eingeführte und zwischenzeitlich flächendeckende MFtechnologie und die seit 1995 vermarkteten Schnurlostelefone (DECT) benannt.[54] Der Appell wurde von mehr als 140 Ärzten unterschrieben und mit speziellen Forderungen an Verantwortliche der Öffentlichkeit geleitet.

Die Welt am Sonntag berichtet am 21.04.2002 mit dem Untertitel „Auch Immobilienmakler klagen über MFantennen" über eine Studie, welcher zufolge 70% der Makler in verschiedenen Bundesländern bemängelten, dass sich Sendemasten verkaufshemmend und wertmindernd im Immobilienmarkt auswirkten. Es wird berichtet, dass in der Nähe von Sendeanlagen nicht einmal eine Kaufpreisminderung von 50% akzeptiert würde und viele Haus- und Wohnungsbesitzer Sammelklagen gegen Städte und Betreiber planten.[55]

Auch sind in der BRD bundesweit Proteste und Initiativen gegen MF üblich. Bspw. hätten 16 Saboteure in Rheinland-Pfalz und Freisen MFmasten beschädigt, Telefonmasten würden

---

[53] Bürgerwelle e.V., 2007, S. 3.34
[54] Bürgerwelle e.V., 2007, S. 5.12.1 – 5.12.3
[55] Bürgerwelle e.V., 2007, S. 6.3

‚lahm-gelegt' oder Verteilerkästen entwendet (etc.), wie sich Presseberichten entnehmen lässt.[56]

In der allgemeinen Zeitung (6.4.2004) wird berichtet, wie z.B. das „Aktionsbündnis gegen MF" am Kindergarten in Münster-Sarmsheim gegen einen geplanten MFmasten von Vodafone demonstrierte. Die Demonstranten selbst hätten zudem ihre Handyverträge gekündigt.[57]

Aktuell meldete Radio-Bremen am 30.1.2008 Proteste gegen zwei geplante Sendemasten von mehreren Bürgerinitiativen, die sich im Landkreis Cuxhaven gegründet haben und mit zahlreichen Unterschriften zur Wehr setzen möchten.[58]

5. Aspekte zum Umgang mit Handys in Schulen

In Erinnerung an die Übersicht verschiedener Standards (2.1) fasse ich als potentielle MFeinflussfaktoren an Schulen zusammen: Umliegende MFmasten, WLAN, DECT, MF aus anliegenden Wohnsiedlungen, Fernsehtürme, Radar etc. Diese Einflussfaktoren sind je Schule und ihrer regionalen Besonderheiten unterschiedlich und im Wesentlichen wenig veränderbar. Lediglich schulinterne Ausstattung mit DECT und WLAN können als variabel angesehen werden. Mein Schwerpunkt liegt somit in einer potentiellen Reduktion von „E-Smog" an Schulen durch *Handys*. Hierin sehe ich einen wichtigen und realisierbaren Beitrag der Institution Schule zur Minimierung möglicher Gesundheitsschäden durch MF.

5.1 Schulen im Fokus von Mobilfunk

Die Agnes Bernauer Schule spricht im Februar 2000 ein Handyverbot aus: „Solange eine Unbedenklichkeit der durch MFsender abgegebenen Strahlung (bzw. elektromagnetischen Wellen) nicht wissenschaftlich einwandfrei bewiesen werden kann, sind wir an unserer Schule bemüht, alle Schülerinnen und Lehrkräfte unserer Schule vor ihr zu schützen!" Die Hausordnung wird in diesem Sinne dahingehend ergänzt, dass Mobiltelefone möglichst nicht in die Schule mitzubringen sind und keinesfalls auf dem Schulgelände eingeschaltet sein dürfen. Verstöße gegen dieses Verbot werden mit Ordnungsmaßnahmen bestraft.[59]

Beispiele zum Schutz vor möglichen negativen Auswirkungen des MFs gibt es auch im Ausland. Unter der Schlagzeile „MFgesundheitsalarm für Schulen" (27.07.2000, The Times),

---

[56] [IDDD] (o.A.): URL: http://www.iddd.de/umtsno/zange.htm
[57] [Main Rheiner] Karl Adam: URL: http://www.main-rheiner.de/region/objekt.php3?artikel_id=1431374
[58] [Radio Bremen] (o.A.): URL: http://demand.radiobremen.de/nachrichten/meldung.php3?id=45761
[59] Bürgerwelle e.V., 2007, S. 6.4

ergreift die britischen Regierung Maßnahmen, um Gesundheitsrisiken für Kinder in Schulen zu minimieren. Die britische Regierung erteilte jeder Schule in England die schriftliche Empfehlung Schülern unter 16 Jahren von Handytelefonaten abzuraten. Zudem sollen sich Schulen darum bemühen, dass Antennen von Basisstationen in Schulnähe nicht auf die Schule gerichtet sind. Diese Vorschriften basierten auf Ergebnissen einer britischen Expertengruppe. Es gäbe wahrscheinlich unbekannte Gesundheitsrisiken, da Kinder aufgrund ihres noch nicht voll entwickelten Nervensystems, der kleinen Köpfe und einer größeren Gewebeleitfähigkeit wesentlich empfindlicher auf die Handystrahlung reagierten als Erwachsene.[60]

In Spanien wurde auf Krebsfälle bei Kindern, ausgelöst durch MFantennen in Schulnähe, reagiert. Bereits 2002 kündigten mehrere spanische Kommunen an, Schüler vor MF zu schützen, indem sie den Strom für MF antennen in der Nähe von Schulgebäuden sowie Wohngebieten abschalten würden.[61]

Die TAZ berichtet am 28.12.01 davon, dass nach einem vierten Leukämiefall innerhalb eines Jahres an einer Schule in Spanien ein Richter Handymasten abschalten ließe. Somit mussten die auf 6 Masten verteilten 36 Funksender mit Gesamtleistung von 65kW auf einem Wohnhaus nahe eines Schulgebäudes stillgelegt werden. Der Zeitungsartikel informiert auch darüber, dass IARC (internationale Agentur für Krebsforschung), die auch der WHO unterstehe die Liste Krebserzeugender Faktoren um Elektromagnetische Strahlung erweitert habe.[62]

Weitere Zeitungsmeldungen anderenorts in Spanien wiesen z.B. auch erneut 2002 auf Tumorerkrankungen von Schulkindern hin, deren Schule sich unweit von MFmasten befand.[63]

El Pais schrieb am 11.3.2002 über Bürgerproteste in Spanien, die zur Stilllegung von über 2000 MFanlagen innerhalb weniger Monate führte.[64]

5.2 Bedeutung von Handys für die Jugend

Neben o.g. gesundheitlichen Risiken, die mit dem MF assoziiert sind, bieten Handys riesige Vorteile verglichen mit dem Festnetz. Nicht nur, dass man von fast überall telefonieren kann, moderne Handys gelten als „Alleskönner", die sogar Funktionalitäten aufweisen, die das Festnetz nicht zu bieten hat:

---

[60] Bürgerwelle e.V., 2007, S. 3.2.6
[61] Bürgerwelle e.V., 2007, S. 3.2.8
[62] Bürgerwelle e.V., 2007, S. 3.2.8
[63] Bürgerwelle e.V., 2007, S. 3.2.9
[64] Bürgerwelle e.V., 2007, S. 3.3.0

Ob als Foto- oder Videokamera, Musik- oder Filmabspielgerät, als mobiler Internetzugang oder zum Kommunizieren per Kurznachricht. Ein kleiner Computer, mit dem man seine Daten und Termine organisieren und Videospielen kann. ‚Was dem Pfadfinder sein Schweizer Taschenmesser, dem „e-Junkie" sein Handy.' Allerdings ist die Zuverlässigkeit und Gesprächsqualität geringer als im Festnetz und auch andere Leistungsmerkmale nur ‚abgespeckte' Varianten ihrer Originale. Das mobile Internet ist bspw. langsamer und mit einem Computer oder Heimkino kann ‚Handymultimedia' nicht mithalten. Es lässt sich folgern, dass Handys kein Ersatz für altbewährte Standards sind. Die hohe Nutzung zeigt aber, dass von diesen kleinen Nachteilen aufgrund des immensen Vorteils der Portabilität und Multi-funktionalität absehbar ist.[65] So kommt es, dass die „Jugend, Information und (Multi)-Media-Studie 2005" feststellt, dass 92% der Jugendlichen über eigene Handys verfügen. Damit ist es bei Jugendlichen ein wichtiger Bestandteil der Selbstdarstellung und Gruppenzugehörigkeit.

Neben den Vorteilen werfen die vielen neuen Nutzungsmöglichkeiten der Handys aber auch potentielle Gefahren auf. Einen Hauptpunkt der Kritik stellen Gewalt- und Pornografieassoziierte Inhalte, sowie urheberrechtlich geschütztes Material dar. Das gegenseitige Zeigen und Weitergeben dieser ist jugendgefährdend und strafbar (insbesondere an Minderjährige nach § 131 StGB). Zwecks Selbstdarstellung kann es auch dazu kommen, dass gefährliche, gewalttätige oder pornographische Inhalte selbst mit Handys festgehalten werden (bspw. „Stunts", „Happy Slapping", sexuelle Belästigung). Die Veröffentlichung dieser Inhalte in Internetportalen wider Einverständnis der Gefilmten, kann u.a. schwerwiegende rechtliche Folgen haben. Abgesehen von genannten Gefahren kann Telefonterror mit Handys verübt oder *einfacher* der Kontakt zu Pädophilen erfolgen. Alles könnte „hinter dem Rücken" der Eltern geschehen.

Hoher Konsum kann selbst in gewissem Maße abhängig machen, sodass viele Jugendliche einräumen ein „Leben ohne Handy" sei unvorstellbar für sie. Darüber hinaus sind Preise vieler Dienstleistungen undurchsichtig. Unabsichtlich zu viel Telefonieren, SMS schreiben oder auf zu viele teure Hotlines, Premium-Services oder Abonnements einzugehen kann in eine Schuldenfalle führen.[66] [67]

Das Bundesministerium (für Familie, Senioren, Frauen und Jugend) der BRD berät Eltern und Pädagogen in seiner Broschüre im Rahmen des Jugendschutzes (m.E. sehr umfangreich und

---

[65] [MyKeyword] Klaus-Martin Mayer: URL: http://www.my-keyword.at/telefon-handy/vorteile-handy-festnetz.html
[66] [GEW-BW] Christa Böger : URL: http://www.gew-bw.de/Kinder_und_Handys.html
[67] [RP-Online] (o.A.): URL: http://www.rp-online.de/public/article/aktuelles/digitale/handy/404666

kritisch), in folgender Hinsicht zu Kauf und Nutzung von Handys: Das Alter der Kinder sollte maßgeblich sein für die Anzahl an Grundfunktionen eines Handys. Tarife und Schutzmöglichkeiten (im Shop bereits konfigurierbar), sollten berücksichtigt werden. Es solle auf einen niedrigen SAR-Wert geachtet werden. Zudem müssten Regeln für eine sinnvolle Handynutzung mit den Kindern erarbeitet und Risiken in der Nutzung besprochen werden. So sollten Tarife, riskante Kontakte und ungeeignete Inhalte mit den Kindern thematisiert werden.[68]

Das russische nationale Komitee zum Schutz vor nicht-ionisierender Strahlung verabschiedete am 19.2.2001 besondere Empfehlungen. Abgeraten von MFtelefonen wird: Schwangeren, Patienten mit neurologischen und psychischen Erkrankungen, Kindern und Jugendlichen *unter 16 Jahren.* Handyverkäufer sollen beim Verkauf über neuste Untersuchungen und Gesundheitsrisiken informieren.[69]

In England dürfen Handys an Minderjährigen überhaupt nicht mehr verkauft werden. Auch müssen dort Handyanbieter über Nebenwirkungen von Handys im Beipackzettel informieren.[70]

5.3 Rahmenbedingungen für Schulen zum kritischen Umgang mit Handys

Während an Schulen das Mitführen von Waffen untersagt ist und strenges Rauchverbot besteht, bringt die Institution Schule damit zum Ausdruck, Gefahren und Schäden von Kindern und Jugendlichen fernzuhalten und ein friedliches und gesundheitsorientiertes Schulleben zu fördern.

Andererseits wird das Mitführen von Handys i.d.R. im Schulleben toleriert. Hiermit wird demonstriert, dass dieser gesellschaftlich hoch anerkannte Standard allgegenwärtig sein darf. Eine Ausnahme bildet das Bundesland Bayern, dort wird seit 2006 ein Benutzungsverbot von Handys an Schulen seitens der Staatsregierung ausgesprochen. „Die Schule ist nicht der Ort zum Telefonieren und schon gar nicht für die Verbreitung jugendgefährdender Machwerke", so Kultusminister S. Schneider, nach immer häufigeren Funden von Porno- und Gewaltvideos auf Schülerhandys.[71]

Wenn auch der sinnvolle Umgang mit dem Handy nicht direkt auf dem Lehrplan steht, werden neue pädagogische Programme und Maßnahmen im Umgang mit Handys diskutiert.

---

[68] [Jugendschutz] (Friedemann Schindler): URL: http://www.jugendschutz.net/pdf/handy-ohne-risiko.pdf
[69] Bürgerwelle e.V., 2007, S. 4.6
[70] Hellemann, 2003, S. 48
[71] [Süddeutsche] Christine Burtscheidt: URL: http://www.sueddeutsche.de/panorama/artikel/959/72887/

Die GEW (Gewerkschaft Erziehung und Wissenschaft, in der sich Pädagogen d.h. insbesondere Lehrer organisieren), erwähnt eine Fachtagung der Organisation Jugendschutz vom 16.5.2006, in der Experten aus Praxis und Wissenschaft Kommunikationsmedien thematisierten. Dererzufolge sollten Handys als fester Bestandteil des Jugendalltages nicht verboten werden, sondern eine sinnvolle Nutzung angestrebt werden. Während Lehrer sich selbst in die „Welt der Handys" von Kindern und Jugendlichen einführen lassen müssen, sind sie bestrebt, Selbsttätigkeit und Kreativität als Ziel zum Umgang mit Handys zu fördern. Dazu entwickelt bspw. das Institut für Medienpädagogik in Forschung und Praxis München handlungsorientierte Modelle. Im Rahmen dieser Modelle sollen Jugendliche bessere Kompetenzen zum Beispiel im Schreiben von Drehbüchern und Drehen von Videoclips erwerben. Auch wird für Pädagogen z.B. ein Handy-Spielebuch mit fantasievollen Ideen empfohlen.[72]

All diesen pädagogischen Bemühungen liegt sicherlich die Erkenntnis zu Grunde, dass Handys die in Kapitel 5.2 genannten negativen Auswirkungen auf die Entwicklung von Schülern und Jugendliche ausüben.

Außen vor bleiben Bestrebungen, MF als „E-Smog-Quelle" anzuerkennen und im Unterricht aufzugreifen. Hier sollte Schule m.E. einen prophylaktischen Beitrag zum Schutz, speziell vor gesundheitlichen Folgen des MFs, übernehmen.

Die Thematisierung eines potentiellen MFrisiken in unserer Gesellschaft böte sich bspw. in speziellen Unterrichtsfächern an: Physik (z.B. „E-Smog-Messungen"), Biologie und Chemie (experimentell), Politik (z.B. Jugendschutz, Konsumverhalten etc), Werte und Normen, Verfügungsstunden oder im Rahmen von Quest. Darüber hinaus wären Projektwochen oder Arbeitsgemeinschaften zum Thema MF denk- und Vorträge von Verbraucherzentralen nutzbar.

Wie meine inhaltliche Erörterung bereits zeigte, werden Probleme des MFs manchmal erst gelöst, wenn bereits Schäden entstanden sind. Deshalb wären prophylaktische Maßnahmen in pädagogischen Institutionen sehr wünschenswert. Wichtig in diesem Zusammenhang wäre, dass für Pädagogen Fortbildungsangebote bereitgestellt werden. Auch prägen Lehrer in ihrer Vorbildfunktion Handygewohnheiten über eine lange Tageszeit maßgeblich mit.

Die Umsetzung eines Handyverbotes an Schulen würde m.E. aus Sicht der Schule die Belastung einer ‚Handykontrolle' und empörter Schüler mit sich bringen. Langfristig würde sich ein Handyverbot, wie es sich aus zu befürchtenden gesundheitlichen Risiken durch MF

---

[72] [GEW-BW] Christa Böger : URL: http://www.gew-bw.de/Kinder_und_Handys.html

ergibt, sicherlich positiv auf das Lern-, Leistungs- und Sozialverhalten der Schülerschaft auswirken.

6. Subjektiver Bezug zur Nutzung von Handys

Auf das Thema MF bin ich erstmals durch mein Wohnumfeld (zahlreiche Amateurfunker) und die Medien (TV-Beiträge) aufmerksam geworden. Zudem bezeichnet sich im familiären Bekanntenkreis eine Person als „elektrosensibel", was ich durch die Recherchen zu dieser Abhandlung überhaupt erst plausibel nachvollziehen kann.

Ich selbst kann auf ein Handy beim Schulbesuch allemal verzichten. Während ich mich im Privatleben nicht vom Handy abhängig mache, mir stehen andere Kommunikationsmöglichkeiten zur Verfügung, würden mich Handys im Schulbetrieb eher stören. Ich möchte während des Schulbesuches kein Handy in Betriebsbereitschaft halten müssen, um erreichbar zu sein. Der direkte Kontakt mit meinen Mitmenschen steht für mich im Vordergrund. Darüber hinaus benötige ich keine der Funktionen (Musik, SMS etc....) von Handys während meines Schulaufenthaltes.

Meine persönliche Lebenseinstellung bezüglich dieser Thematik würde man wohl eher als unmodern bezeichnen: Ich gestalte mein Leben möglichst unabhängig von Konsumzwängen, bin relativ antimaterialistisch eingestellt und auf Statussymbole aufgrund besonderer Gruppenzwänge nicht angewiesen. Ich möchte weder den MFmarkt unterstützen, noch gesundheitliche Risiken des MF auf mich nehmen. Mich bewegt mein Wissensstand in der Komplexität der Thematik MF viel mehr dazu, den Schutz des Menschen vor möglichen Gefahren zu achten. D.h., dass ich selbst keinen Grund sehe, Mitmenschen in „E-Smog" zu involvieren, gleichen Respekt würde ich auch gerne mir gegenüber erwiesen wissen.

Anbetrachts meiner Recherchen zum MF mit den Kernaussagen *„Die Menge macht's"* und *„eine gesundheitliche Unbedenklichkeit von MF ist nicht erwiesen ist"* könnte diese Arbeit die Schule als Institution *inmitten MF* für die Thematik sensibilisieren.

Quellenverzeichnis

Literaturverzeichnis

Bürgerwelle e.V., 2007   Bürgerwelle e.V: Risiko Mobilfunk – Vorbeugen statt Leiden - Infopaket, 86. Aufl., Tirschenreuth 2007, S.

Hellemann, 2003   Hellemann, Silvio: Ständig unter Strom – Handbuch für Elektrosensible, 1. Aufl., Bonn 2003, S.

Scheiner, 2006   Scheiner, Dr. med. Hans-Christoph; Scheiner, Ana: Mobilfunk – die Verkaufte Gesundheit, 1. Aufl., Peiting 2006, S.

Internetquellen

[BMWi] (o.A.)   [BMWi] (o.A.): Hintergrund – UMTS – der neue Multimedia-Mobilfunk.URL: http://www.bmwi.de/BMWi /Navigation/Wirtschaft/Telekommunikation-und-Post/ Mobilfunk/hintergrund,did =187958.html [Abrufdatum: 17.02.2008]

[Bitkom] (o.A.)   [Bitkom] (o.A.): Über 10 Millionen UMTS-Nutzer in Deutschland. URL: http://www.bitkom.org/ 50452_50446.aspx [Abrufdatum: 17.02.2008]

[Elektrobiologie] (o.A.) [Elektrobiologie] (o.A.): Elektrosensibel. URL: http://www.elektrobiologie.com/html/elektrosensibel.html [Abrufdatum: 17.02.2008]

[Elektrosmognews] (o.A.) [Elektrosmognews] (o.A.): Bayern forciert Mobilfunkausbau. URL: http://www.elektrosmognews.de/ news/bypakt2.htm [Abrufdatum: 17.02.2008]

[Energieimpulse] (o.A.) [Energieimpulse] (o.A.):Elektrosmog – Begriffsdefinition. URL:http://www.energieimpulse.net/main.php?site=elektrosmo g_def [Abrufdatum: 17.02.2008]

[Forum-Elektrosmog] (o.A.) [Forum-Elektrosmog] (o.A.): Die Verbraucher Initiative e.V. (Bundesverband). URL: http://www.forum-elektrosmog.de/ forumelektrosmog.php/aid/18/cat/27/ [Abrufdatum: 17.02.2008]

[GEW-BW] Christa Böger   [GEW-BW] Christa Böger: Kinder und Handys. URL: http://www.gew-bw.de/Kinder_und_Handys.html [Abrufdatum: 17.02.2008]

[Gigaherz] 1 Hans-U. Jakob   [Gigaherz]1 Hans-U. Jakob: Schweizerische Gemeinschaft Elektrosmog-Betroffener. URL: http://www.gigaherz.ch/ 1131/ [Abrufdatum: 17.02.2008]

[Gigaherz] 2 (o.A)   [Gigaherz] 2 (o.A): Schweizerische Gemeinschaft Elektrosmog-Betroffener. URL: http://gigaherz.ch/pages/ posts/elektrosensibilitaet-steigt-unwahrscheinlich-rasch-an1273.php?g=30 [Abrufdatum: 17.02.2008]

[Golem] (o.A.)   [Golem] (o.A.): Mehr verkaufte Handys als Einwohner. URL: http://www.golem.de/0607/46605.html

[Abrufdatum: 17.02.2008]

[IDDD] (o.A.) — [IDDD] (o.A.): Notwehr als "Straftat", Proteste gegen Mobilfunk, deutsche Helden URL: http://www.iddd.de/umtsno/zange.htm
[Abrufdatum: 17.02.2008]

[IDW-Online] (o.A.) — [IDW-Online] (o.A.): Der Mobilfunkmarkt Deutschland. URL: http://idw-online.de/pages/de/news127781
[Abrufdatum: 17.02.2008]

[IZGMF] (o.A.) — [IZGMF] (o.A.): Feldmessung Linienbus. URL: http://www.izgmf.de/Aktionen/Meldungen/Archiv_04/Messproj ekt_Bus/messprojekt_bus.html
[Abrufdatum: 17.02.2008]

[Jugendschutz] Friedemann Schindler — [Jugendschutz] (Friedemann Schindler): Handy ohne Risiko? Sicherheit mobil, ein Ratgeber für Eltern. URL: http://www.jugendschutz.net/pdf/handy-ohne-risiko.pdf
[Abrufdatum: 17.02.2008]

[Kein Mobilfunkmast im Dorf] (o.A.) — [Kein Mobilfunkmast im Dorf] (o.A.): Hintergrund. URL: http://www.kein-mobilfunkmast-im-dorf.de/BI/Hinter grund.htm
[Abrufdatum: 17.02.2008]

[Main Rheiner] Karl Adam — [Main Rheiner] Karl Adam: Protest gegen Mobilfunkmast URL: http://www.main-rheiner.de/region/objekt.php3?artikel_id=1431374
[Abrufdatum: 17.02.2008]

[Media.NRW] (o.A.) — [Media.NRW] (o.A.): Mobilfunk gegen Festnetz? Ein Märchen. URL: http://www.media.nrw.de/media2/site/index.php?id=73&no_cache=1&tx_ttnews%5Btt_news%5D=49070&%20cHash=6efe5d0ffc
[Abrufdatum: 17.02.2008]

[MSN Encarta] (o.A.) — [MSN Encarta] (o.A.): Elektrosmog. URL: http://de.encarta.msn.com/encyclopedia_721550451/Elektrosmog.html
[Abrufdatum: 17.02.2008]

[MyKeyword] Klaus-Martin Mayer — [MyKeyword] Klaus-Martin Mayer: Vorteile von Handys gegenüber dem Festnetz. URL: http://www.my-keyword.at/telefon-handy/vorteile-handy-festnetz.html
[Abrufdatum: 17.02.2008]

[openPR] (o.A) — [openPR] (o.A): Pressemitteilung – Bürgerwelle e.V.. URL: http://openpr.de/news/75879/Erhoeht-Mobilfunk-Strahlung-die-Gefahr-nicht-fuer-das-Risiko-fuer-hirntumore.html
[Abrufdatum: 17.02.2008]

[Pressetext] (o.A.) — [Pressetext] (o.A.): Weitere Studie bestätigt: Keine Gefahr durch Mobilfunk URL: http://www.pressetext.de/pte.mc?pte=060904010
[Abrufdatum: 17.02.2008]

[Radio Bremen] (o.A.) — [Radio Bremen] (o.A.): Protest gegen neue Mobilfunk-Sendemasten URL: http://demand.radiobremen.de/nachrichten/meldung.php3?id=45761
[Abrufdatum: 17.02.2008]

[RP-Online] (o.A.) — [RP-Online] (o.A.): Handy-Betreiber versprechen besseren Jugendschutz. URL: http://www.rp-

online.de/public/article/aktuelles/digitale/handy/404666
[Abrufdatum: 17.02.2008]

[Süddeutsche] Christine Burtscheidt [Süddeutsche] Christine Burtscheidt: Handy-Verbot an Schulen. URL: http://www.sueddeutsche.de/panorama/ artikel/959/72887/
[Abrufdatum: 17.02.2008]

[Swisscom Mobile] (o.A.) [Swisscom Mobile] (o.A.): Antennen und ihre Sendeleistung. URL: http://www.swisscom-mobile.ch/scm/mce_antennen-sendeleistung-de.aspx
[Abrufdatum: 17.02.2008]

[Wasserauto] (o.A.) [Wasserauto] (o.A.): DNA-Schäden durch Mobilfunkstrahlung mehrfach und international nachgewiesen!URL: http://www.wasserauto.de/html/mobilfunk.html
[Abrufdatum: 17.02.2008]

[Wikipedia]$_1$ (o.A.) [Wikipedia] $_1$ (o.A.): Hochfrequenz - Wikipedia. URL: http://de.wikipedia.org/wiki/Hochfrequenz
[Abrufdatum: 17.02.2008]

[Wikipedia]$_2$ (o.A.) [Wikipedia] $_2$ (o.A.): Elektrosmog. URL: http://de. wikipedia. org/wiki/Elektrosmog
[Abrufdatum: 17.02.2008]

BEI GRIN MACHT SICH IHR WISSEN BEZAHLT

- Wir veröffentlichen Ihre Hausarbeit,
  Bachelor- und Masterarbeit

- Ihr eigenes eBook und Buch -
  weltweit in allen wichtigen Shops

- Verdienen Sie an jedem Verkauf

Jetzt bei www.GRIN.com hochladen
und kostenlos publizieren